科普小天地

科學超有趣

化學

洋洋兔 編繪

前言

走進化學世界
感受「變化」的魅力

小朋友，當你一覺醒來，看到這個大千世界裏各種各樣的東西，是不是想過這些東西是由甚麼組成的呢？當你看到一根木頭着火了，是不是好奇過東西為甚麼能着火呢？

這些問題你都能在學習化學以後得到答案。

化學既司空見慣，又高深莫測。司空見慣是因為它離我們很近很近，在家裏、學校裏、公園裏，甚至我們每一個人的身體裏都有許多化學現象。高深莫測是因為

化學裏充滿了「變化」，在化學王國裏，你經常能看到

一種東西搖身變成另外一種東西，像變魔術一樣精彩。

《科學超有趣：化學》讓你既能感受到司空見慣的

化學，又能感受到高深莫測的化學。看過這本書後，你

一定會驚呼：「哇！化學原來如此有趣，如此神奇！」

好了，收拾激動的心情，跟隨書中的主人公們一起

來感受化學神奇的「變化之術」吧！

目錄

身邊的化學

● 化學是一門「變化的科學」，是非常有趣的科學。化學最奇特之處在於「變化」，可以使一種東西變成另外一種東西。不過，這種變化有時是在悄無聲息中進行的。

在我們的生活中，有許許多多的化學變化，甚至我們經常説的一些俗語、成語中都蘊含着豐富的化學知識呢！不相信嗎？一起來看看……

● 燃燒是怎麼發生的？

我們經常會見到一些東西燒着的現象。要想發生燃燒，就需要有可以燃燒的東西，要達到它可以燃燒的溫度，還需要有足夠的氧氣。

為甚麼燃燒需要有氧氣呢？這就要靠化學知識來解答了。

燃燒的本質，是可以燃燒的物質與氧氣結合，發生了化學變化，變成了另外的物質。化學上叫作氧化反應。比如木頭燃燒，就是木頭中的主要成份碳被氧氣氧化，形成了二氧化碳。

● 滷水一點，豆腐即成

「滷水點豆腐———一物降一物」，你一定聽過這句歇後語吧。熱騰騰的豆漿，只要點入一些滷水，就會變成一團一團像棉花一樣的東西，然後用布包起來，壓一壓，就變成白白的鮮豆腐啦！那麼滷水有甚麼神奇的魔力，能把豆漿變成豆腐呢？我們還得用化學知識來認識滷水的魔力。

● 為甚麼無法「點石成金」？

你聽過「點石成金」的故事嗎？從前，有一個窮小子碰到一個神仙。神仙見他穿得破破爛爛，就想幫助他。於是，神仙用手指一指路邊的一塊石頭，那塊石頭居然變成了金燦燦的金子。

古代的煉金師終身煉金，希望能夠從石頭中煉製出金子，希望真的能「點石成金」，但都無一例外地失敗了。這是為甚麼呢？這也需要用化學知識來回答。

神仙能「點石成金」，我也一樣可以。

世界萬物是由一些基本元素組成的，比如鐵是由鐵元素組成的，銅是由銅元素組成的。金也是一種基本的元素。煉金師們不知道這一點，希望用不含金元素的銅、鐵、鉛煉成金子，是不是太天真了呢？

豆漿的主要成份是蛋白質，這些蛋白質很小，漂浮在水中，而且相互之間一般不會連到一起。但是一碰到滷水可就不一樣了。滷水裏有許多帶電的金屬離子，這些金屬離子有一種特殊的本領，它們能把這些漂浮的蛋白質微粒聚到一起，並且沉澱。這樣，豆漿就變成了白白的豆腐啦！

看過以後，是不是覺得化學就在我們身邊？有沒有感受到化學的神奇呢？做好準備，我們一起進入奇妙的化學世界吧！

人物介紹

小野人

男生，從原始森林裏來，力氣巨大，語言簡短，不會很複雜的表達，對現代生活充滿了好奇，不過也鬧了許多笑話，酷愛打獵，甚麼都想獵取。

都市女生 TT

愛美，愛炫耀，聰明女生，在與小野人接觸的過程中，教會小野人許多城市生活的知識。

寵物熊貓黑眼圈

愛吃爆谷，無所不知，卻又喜歡裝傻，睡覺是他一生的樂趣。

認識化學

化學是我們生活中的一門科學，你們可能會感到好奇和神秘：到底甚麼是化學？它研究些甚麼？它與我們的學習和生活又有甚麼關係呢？實際上，化學對我們來說並不陌生，它與我們的生活息息相關。在我們身邊處處都會應用到化學：人類的衣、食、住、行等都離不開化學，穿的棉布、吃的食品及生活用品的原材料都離不開化學，化學已經成為我們學習和生活中不可或缺的一部份。

宇宙萬物是由甚麼組成的？

感謝盤古奉獻了自己，把世界變得這麼美麗。

這關盤古甚麼事情？

這是人類的故事，盤古開天闢地，用自己的身體變出了山川河流、花草樹木，所以地球才會這麼漂亮！

這只是神話而已。花草樹木是自己長出來的，不是盤古變出來的！

那你說，花草樹木是怎麼變出來的？

這個……

告訴你們吧，世界上的所有東西其實都是物質。

聽我慢慢告訴你。

甚麼是物質？

世界上的物質都是化學物質，或者是由化學物質所組成的混合物。分子、原子、離子是構成物質最基本的微粒。

分子　　原子　　離子

分子能獨立存在，是保持物質化學性質的一種微粒。原子是化學變化中的最小微粒，在化學反應中，原子能重新組合成新物質的分子。

我是水分子。

我是二氧化碳分子。

有的物質是由分子構成的，比如水是由水分子構成的；但有的物質是由原子構成的，比如石墨是由碳原子構成的。

微觀世界是豐富多彩的哦！

根據物質的不同，分子的模樣和大小也不同。分子非常小，肉眼看不見，只有用高性能電子顯微鏡才能看見。

原子　　分子　　原子

原子是比分子更小的微粒，但是一般來說，原子不能體現原物質的性質——像水分子能分解成氫原子和氧原子，但是氫原子和氧原子並不能體現出水的性質。

有的物質則是由離子構成的，比如氯化鈉就屬於離子晶體；而金屬是由金屬陽離子和自由電子構成的。

比如出汗就是水分子從身體裏跑出來了。

那分子都跑出來了，我們怎麼辦？

別擔心，我們還能通過喝水補充回來。

這個嘛！你是個小野人，還真不好說哈哈哈……

很久很久以前，人類就對「世界萬物是由甚麼組成的」充滿了好奇，從哲學家到科學家，許多人都試圖解決這個問題，並且提出了各自的見解。

水元素説

古希臘的哲學家泰勒斯（約公元前 625 年—公元前 547 年）認為水是世界的本源，認為水元素是組成萬物的元素。

四元素論

恩培多克勒（約公元前 490 年—公元前 430 年）認為組成世間萬物的是水、火、土、氣這四種元素。四種元素的比例不同，就會產生不同的物質。他還認為，受到愛和恨的作用，元素會相互混合或者分離。

原子論

德謨克利特認為，組成世間萬物的是原子。原子是一種無數的、最小的、不可以再進行分割的物質微粒。他還認為，原子具有運動的能力。

近代原子論

1803 年，英國科學家道爾頓以具有實驗性質的證據，發展了德謨克利特的原子論，建立了近代原子論。同時，道爾頓最先開始測量相對原子質量。

原子核

原子核是原子的核心部份，它是由兩種更微小的粒子組成的。一種是帶正電的質子，另外一種是不帶電的中子。

玻爾模型

20世紀初，丹麥科學家玻爾提出新的原子結構模型。他認為電子是按照一定的軌道圍繞原子核運行的。這種模型和太陽系類似，所以又叫「太陽系模型」。

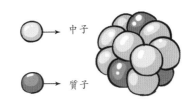

中子

質子

發現原子核

湯姆生發現電子後沒多久，物理學家盧瑟福就提出了原子中有一個原子核，原子的絕大部份質量都集中在原子核，而原子核被電子包圍著。

原子核

電子

發現電子

英國物理學家湯姆生在1897年提出了電子說。他認為原子是一個實心球。正電荷均勻地分佈在球的內部，而帶負電的電子像麵包上的葡萄乾一樣，鑲嵌在球體上。

喜歡「吃」油污的肥皂

哎呀！

真麻煩，油濺到身上了……

你忘記加肥皂啦！這樣是不能把衣服洗乾淨的。

普通肥皂的主要成份是高級脂肪酸的鈉鹽和鉀鹽。這些鹽的分子，一端具有「親水性」，另一端具有「親油性」，所以這些分子能輕鬆地進入水裏和油裏。

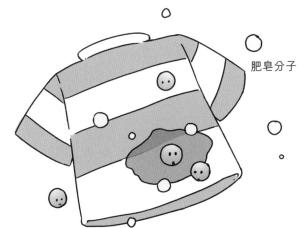

肥皂分子

所以，當肥皂遇到油污時，肥皂分子中的親油部份同油污「抱成一團」，互相融合在一起，形成微小的「膠團」。

掉下去了。

油污等污垢被肥皂分子和水分子包圍後，它們與衣服纖維間的附着力減少，一經搓洗，肥皂液就滲入不等量的空氣，生成了大量泡沫。

我不要走呀！

肥皂泡就像肥皂的無數的小手，將髒東西從衣服的纖維中一點點地拉出來，從衣服上脫離，再經過清水漂洗，髒東西就被水沖走啦！

哈哈！又乾淨啦！

小野人呢？

小野人！

好飽！

鈈不是自然界中的元素。1940 年 12 月，西博格、瓦爾和肯尼迪組成的科學小組在實驗中創造了這種新元素。

鈈最大的特點就是可分裂性，當一個中子撞擊一個鈈原子時，鈈原子就產生分裂，釋放出更多的中子並放出大量的能量。接下來，這些中子又使更多的鈈原子分裂，形成鏈式反應。

鏈式反應就像推倒了的多米諾骨牌。

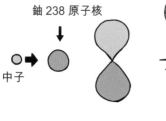

鈾 238 原子核

中子

鈈 239

提取鈈只能用中子轟擊鈾 238 而得到鈈 239，而中子源由核反應堆中的連鎖反應提供。和鈈元素差不多厲害的還有鈾元素，很多核電站也將它作為燃料。

TT，你剛說釙是放射性重金屬元素，那是不是會讓人得癌症啊？

理論上是這樣的。它會釋放 α 射線，如果進入人體，會破壞人的 DNA，可能引發癌症。但是 α 射線的穿透力很差，一張紙或人體的皮膚就足以抵擋它。

真可怕！

溫暖的觸感？

如果你觸摸一塊用塑料袋包裹的釙，你能體會到它溫暖的觸感。

因為釙有放射性，所以它總是熱的。

我是希望你不要太害怕，不是叫你完全不用怕……

如果冬天用釙來暖腳，肯定會非常暖和！

萬物 是由甚麼組成的？

世界上有多少東西？恐怕誰也沒辦法來解答這個問題。但是，組成這些東西的基本材料是有限的。這些基本材料是甚麼呢？

小貼士： 所有的東西都是由各種元素組成的。

煉金師的困惑· 組成萬物的元素

在中世紀的歐洲，有許多特殊的煉金師，他們認為組成世界萬物的是水、火、土、氣。他們想，只要利用這四種東西，通過合理的配比和正確的方法就可以煉製出黃金。

可是，無數的煉金師使用了無數的方法，最後卻都失敗了，他們始終沒有辦法煉製出黃金。煉金師們不知道問題到底出在哪裏。

其實，這些煉金師們並不知道，金也是一種組成物質的基本元素，沒有金元素，如何能煉出黃金來呢？

物質和元素

世界上的物質都是由一個或者多個元素組成的。

單質和化合物

有的物質是由一種元素組成的，就叫作單質，比如金子。

有的物質是由兩種或者更多的元素組成的，就叫作化合物，比如水。

雖然每種元素都有自己的特性，但是當它們相互配對組成化合物後，就會呈現完全不同的特性。比如鹽，它是由**氯元素和鈉元素**組成的。

單質鈉是軟金屬，放進水裏反應劇烈。

鈉和氯氣發生反應後，就會變成食鹽的主要成份——氯化鈉。

元素的不同性質

我們每一個人都有不一樣的個性，元素也是如此。

現在最新版元素週期表包含 118 種元素，每一種元素都有不同的特性。

元素週期表

元素週期表是俄羅斯的化學家門捷列夫制訂的。他把當時已經發現的 63 種元素按照相對原子質量大小的順序排列了出來，這樣就可以知道一些類似性質的元素。於是，門捷列夫把性質類似的元素按縱向的方式排列出來，製成了表格。

門捷列夫依靠元素週期表成功預測了還沒有發現的元素的性質。現在元素週期表中 118 種元素都填滿了。

富有彈性的 橡膠

看！我的新彈弓！

我先來！

哈哈！正中靶心！

在玩甚麼呢？

這根繩子為甚麼和我們平常用的繩子不一樣？它能長能短，伸縮自如！

那它為甚麼會有彈性呢？

這是由橡膠的分子結構決定的。

噢，這是橡皮筋嘛！橡皮筋是由橡膠製成的，所以彈性很大。

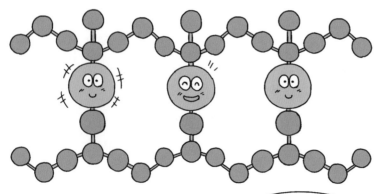

橡膠屬於高分子化合物，由許許多多結構相同的分子小單位組成一個巨大的網絡，每一個分子所含的原子數能達到幾萬、幾十萬或幾百萬，甚至更多！

而且橡膠分子鏈柔韌性很好，相互之間作用力很低。所以這種高密度高柔度的分子結構受到外力作用時，分子鏈網絡就能輕易地鬆開。

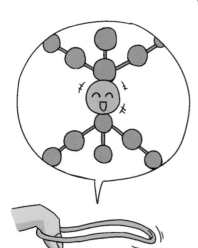

外力解除後，又能馬上恢復原狀，這就是橡膠高彈力的秘密了。

但是如果變形太大或變形時間太長，將分子鏈弄斷了，就不能恢復了，這時就產生永久變形。比如把橡皮筋拉長固定，一段時間後，就無法恢復成最初的長度了。

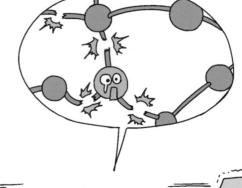

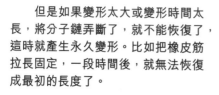

所以橡膠除了能做成各種輪胎以外，還普遍用作防震材料。

你們知道嗎，現在全世界已有幾千座橋樑使用着橡膠承載墊呢！

哇！用橡膠墊支撐橋樑啊！真了不起！

如果我用橡膠做一個巨型的彈弓，是不是能把我發射到月球上呢？

要想把你發射到月球上，恐怕得需要火箭啦！

玻璃是怎麼製成的？

你們看我買了甚麼回來!

哇,是一對天鵝!做得真精緻!

是啊,它看起來真漂亮!在陽光下亮晶晶的。

哈哈哈,怎麼樣,我的眼光不錯吧!

TT，這對天鵝是用甚麼材料做的啊？

真笨，當然是玻璃啦！

咦？居然和我們的茶几是一種材料？玻璃還可以做出這麼漂亮的東西？

那是當然啦，你可不要小瞧玻璃。在古代由於沒有大規模生產的技術，玻璃的價格曾經超越鑽石呢！

那些用途廣泛的玻璃，原料主要成份可都是我哦！

玻璃是一種主要成份為二氧化硅的混合物，因此玻璃屬於一種硅酸鹽類非金屬材料。

二氧化硅

二氧化硅的熔點很高，但加入純鹼或使用一些人工方法可以降低它的熔點，從而使其變成熔漿，容易流動。

工人將這種熔漿注入模具中製成平板玻璃，或者用吹製的方法製成各種玻璃容器，還可以在其中添加着色劑，讓它變成五顏六色。

玻璃的用途十分廣泛，我們日常生活中所見到的許多建築物、傢具、器皿等都是用玻璃製成的。

哇，好漂亮啊！

原來玻璃有那麼多的用途啊！

是啊，現在玻璃已經不僅僅是我們不可或缺的生活用品，還製成各種精美的工藝品滲透到我們的生活中。

在當代，玻璃成為許多藝術家和設計師進行藝術創造的重要材料，很多玻璃的藝術設計作品在國際上大放異彩。

原來，這是一件偉大的藝術品啊！

我要仔細觀賞一下。

可惡！你給我站住！

我不是故意的！

為甚麼會爆炸？

我也想吃。

好想吃蛋糕啊！

咕嚕～

好啊，本姑娘請你們吃蛋糕！

哈哈，有蛋糕吃啦！

爆炸是通過釋放出的大量能量產生高溫，放出大量氣體造成高壓的化學反應。

爆炸必須具備三個條件：爆炸性物質、氧氣、點燃源。

氧氣

點燃源

爆炸性物質

火藥

一般的爆炸是由火引發的。但如果將兩個（或兩個以上的）互相排斥的化學物質組合在一起，也會引起爆炸。

黑火藥和 黃火藥一樣嗎?

你一定聽說過火藥,甚至可能還聽說過黑火藥和黃火藥。它們兩個是一樣的嗎?它們之間的區別蘊含着甚麼樣的化學知識呢?

小貼士: 黑火藥是一種混合物,而黃火藥是一種化合物。

 黑火藥和黃火藥 · 混合、化合

說起火藥,最常見的就是黑火藥和黃火藥。黑火藥是中國古代四大發明之一,已經有一千多年的歷史;黃火藥源自西方,距今還不足 200 年。

從名字上來看,黑火藥是黑色的火藥,黃火藥是黃色的火藥。其實,除了顏色不同,它們還有更大的區別——混合物和化合物。

🔍 **混合物和化合物**

混合物是由兩種或者多種物質混合而成,每種物質都沒有發生改變,只是混到了一起。

化合物則是由兩種或者更多種元素化合而成。化合物是一種新的物質。

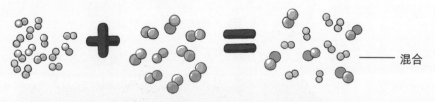

—— 混合

氫氣和氧氣只是相互混合在一起,相互保留着自己的性質。

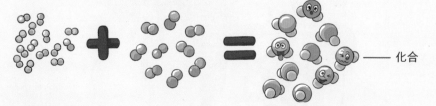

—— 化合

氫氣和氧氣發生反應,生成了一種新的物質——水,完全沒有了氫氣和氧氣的性質。

混合而成的黑火藥

黑火藥是一種混合物，它是由硝石、木炭和硫黃三種東西按照一定的比例混合而成的。

黑火藥 ＝ 硝石 ＋ 木炭 ＋ 硫黃

硝石的主要成份是硝酸鉀，它分解時可以放出大量的氧氣，使木炭和硫黃劇烈燃燒，瞬間產生大量的熱和氣體。這樣體積就會急劇膨脹，就會發生爆炸了。在宋代的時候，黑火藥就已經被應用到軍事上了。

火箭　　　　　　震天雷　　　　　　　　　突火槍

黃火藥是一種化合物

黃火藥的化學名稱叫三硝基甲苯，是一種化合物，俗稱 TNT。黃火藥威力巨大，但是卻比較穩定，即使受到槍擊，也不容易發生爆炸，而且可以存放好多年不變質。

TNT 的分子

黃火藥是誰發明的

黃火藥是誰發明的呢？一直以來，很多人都以為是瑞典的發明家諾貝爾發明了黃火藥，其實這是錯誤的。黃火藥是德國人威爾勃蘭德發明的。1863 年，他在做一次實驗時失敗了，結果卻意外地發明了 TNT。由於這種炸藥威力巨大而且非常安全，很快就被用於裝填各種炸彈和進行爆炸。

鑽石和石墨是「兄弟」

真可惡啊！

怎麼啦？

鉛筆芯太軟了，總是削斷！

你知道嗎，這麼軟的鉛筆芯，有一個自然界最硬的兄弟呢！

自然界最硬的東西……

難道是……鑽石？！

沒錯！鑽石和石墨別看樣子完全不同，價格也相差懸殊，但卻是名副其實的兩兄弟！

石墨與鑽石都是由碳元素組成的，化學性質完全相同。

但因外界壓力的不同，形成了不同的組織結構，所以它們是由相同元素構成的同素異形體，屬於兩種物質。

在鑽石裏，碳原子呈正四面體空間網狀立體結構；每個碳原子都與另外四個碳原子相接，形成了堅固嚴密的三維結構。

鑽石是目前所知最堅硬的物質，它的熱傳導性比銅的還好，但卻是絕緣體，而且熔點高、晶瑩剔透、折光性好。在機械、航空航天、醫學等領域有着廣泛的應用。

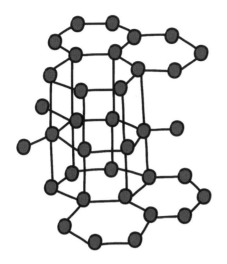

而石墨是層狀結構，層內碳原子排列成平面六邊形，是一種灰黑色、不透明、有金屬光澤的晶體。

因為成份相同，在高壓條件下擠壓石墨可以製造出鑽石。這樣的鑽石可以用在工業切割上。

天然石墨則是最軟的礦物，耐高溫，熱膨脹系數小，即使突然遇到高溫，也不會產生裂痕。

我忽然覺得它變漂亮了。

嘿嘿，削不動你的兄弟鑽石，只好繼續削你啦！

酸 是甚麼？

你慢點吃，別狼吞虎嚥的。

肉好像變壞了，酸酸的。

怎麼了？

那個……是我把醋當成醬油了。

那我吃個梨配飯好了。

哎喲！這個梨真酸！

水果怎麼能配飯吃呢？！

亂講！梨裏怎麼可能放醋！那是果酸！

TT 你在梨裏也放醋了？

酸到底是一種甚麼東西？

醋也酸，梨也酸……

酸是一類化合物的統稱哦！

pH 小於 7 的就
是酸性物質，
大於 7 的就是
鹼性物質。

在化學實驗中，用 pH 來
表示物質的酸鹼性強弱程度，
酸能使石蕊試紙變紅。

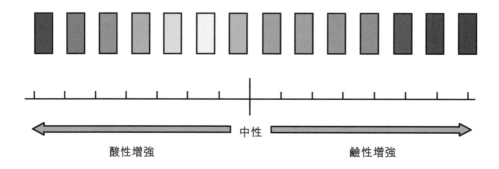

中性

酸性增強　　　　　　　　　鹼性增強

酸有強酸和弱酸之
分，強酸具有強烈
的腐蝕性，如硫酸。
弱酸大多出現在水
果和飲料中，如果
酸和醋酸。

酸溶液　　　　　鹼溶液

← 水和鹽

酸溶液具有酸味，可以和鹼進行中
和作用，生成水和鹽類化合物。

現在你知道強酸的厲害了吧！

硫酸

以蛋白質為主要成份的叫氨基酸，使水果具有好聞香味的叫檸檬酸。

太酸了！

現在你明白「酸」是甚麼了吧！

像你這樣的就叫窮酸。

基本吧！但是我最近新學習了一個詞，叫「窮酸」，這屬於哪種酸呢？

酸味和苦味 有甚麼秘密？

瓜果蔬菜是我們日常生活必不可少的食物。這些東西各有各的味道，檸檬是酸酸的，苦瓜是苦苦的。檸檬為甚麼會酸？苦瓜為甚麼會苦？酸、苦的背後隱藏着甚麼秘密嗎？

小貼士：酸性和鹼性是相對立的，酸性物質有酸味，鹼性物質有苦味。

 酸味和苦味·酸和鹼

醋、檸檬、泡菜……都是有酸味的；鹼麵、肥皂水都是有苦味的。前面的會有酸味是因為它們呈酸性，後面的有苦味是因為它們呈鹼性。

酸性物質在水裏會釋放氫離子，鹼性物質在水裏會釋放氫氧根離子。

你可能對氫離子和氫氧根離子很陌生，沒關係，你知道水嗎？水就可以產生這兩種離子。

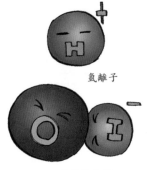

氫離子

氫氧根離子

 分辨酸鹼的指示劑

酸性物質和鹼性物質如何辨別呢？莫非都要去嚐一嚐？

當然不是。辨別酸性物質和鹼性物質的辦法就是使用指示劑。指示劑是一種能區別酸性和鹼性的東西，把它放進酸性或者鹼性的溶液中，它的顏色就會發生變化。

指示劑和顏色變化

指示劑	酸性溶液	鹼性溶液
藍色石蕊試紙	變紅	還是藍色
紅色石蕊試紙	還是紅色	變藍
酚酞溶液	不變色	紅色

物質的 pH

酸性和鹼性大小就靠 pH 來表現。

溶液中氫離子的濃度越高，pH 就越小，溶液的酸性就越強。

pH 在 0 到 14 之間，當 pH 是 7 時，溶液呈中性；小於 7，呈酸性，值越小，酸性越強；大於 7，呈鹼性，值越大，鹼性越強。

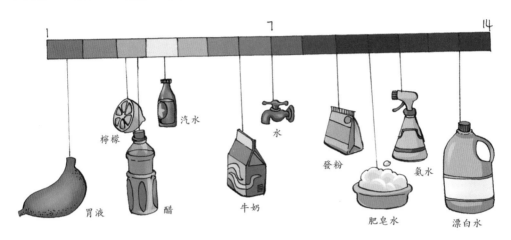

 酸鹼的中和反應

酸和鹼相遇的時候就會發生反應，叫作中和反應。

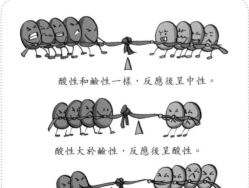

酸性和鹼性一樣，反應後呈中性。

酸性大於鹼性，反應後呈酸性。

酸性小於鹼性，反應後呈鹼性。

 嘴裏 pH 的變化

當我們在吃東西時，嘴巴裏的酸度就會產生變化。尤其是吃酸性食物後，嘴裏的酸度會變高，這時細菌就會變得活潑，容易造成蛀牙。所以，平時我們一定要養成刷牙的好習慣。

無處不在的氣體

　　空氣是構成地球周圍大氣的氣體，無色無味，主要成份是氮氣和氧氣，還有少量的氬、氦、氖、氫、氪、氙等稀有氣體和水蒸氣、二氧化碳、塵埃等。

　　空氣是我們生命中不可或缺的重要部份，其中，氧氣給予我們生命，氮氣保障我們健康，氫氣開拓我們的視野，氖氣絢爛我們的生活。

　　由於植物的光合作用持續進行，空氣中的二氧化碳在植物發生光合作用的過程中大部份都被吸收了，並使空氣裏的氧氣越來越多……

空氣
——氣體大集合

哎呀，對不起，昨天吃了太多紅薯……

臭死了，臭死了！

要調整好呼吸。跟着我吸……

乾淨的空氣都被你的屁污染了！

隨着現代化工業的發展，大量排放到空氣中的有害氣體和煙塵造成了嚴重的空氣污染。不僅對大自然造成了破壞，還影響到人類的生存發展！

人類的生活離不開空氣，一旦空氣成份失衡，就會對地球上所有生物的生存造成巨大的甚至是毀滅性的影響！

沒錯！一氧化碳和二氧化硫都是有害氣體，所以我們盡量少開車。

黑眼圈，你的小貨車就會產生一氧化碳！我要砸了它！

那只是個玩具而已，給我站住！

我是混合物

空氣

供給生命呼吸

冶煉鋼鐵

氧氣

氮氣

充氮燈泡

合成染料

製取氮肥

稀

為氣象測量提供便利

形成降水（雨、雪）

水蒸氣

供給植物

做滅火器

二氧化碳

製碳酸飲料

氦氣

氫氣

氣體

氣球

霓虹燈

焊接保護氣

生命的泉源
——氧氣

我們比比誰能憋氣吧！

來呀，輸了可不許哭！

預備，開始！1、2、3！

小野人！

誰輸還不一定呢！

呼⋯⋯

呼⋯⋯

撲通！！

30 秒後……

好暈……
好暈……

……

嗚！

又 30 秒後……

你使詐！

在水裏下藥！

準是誰在水裏下藥了！要不然我頭怎麼那麼暈啊？

下藥？你真是無知，這是因為你缺氧好不好？

缺癢？

氧氣

O₂

傻瓜，是氧氣的氧！

撕啦啦啦

氧氣是空氣的一個組成部份。

空氣

氧氣

它是心臟的動力源，有了氧氣，我們才能生存。

我們運動之後，呼吸急促甚至頭暈，就是因為氧氣吸入不夠！

氧氣是 18 世紀歐洲的科學家們發現的，在工業和醫療上有很多實際用途！

TT 老師，我有問題！

哦？你還有哪裏不明白呢？

氧氣是 18 世紀才發現的。

那 18 世紀以前的人都是怎麼呼吸的？

啞口無言

氧氣的產生
——植物的呼吸

因為吸入了汽車尾氣中的二氧化碳等有害廢氣才會頭疼的，在森林裏，一是沒有廢氣污染，二是就算有廢氣，植物也可以通過光合作用把二氧化碳轉變成氧氣！

歡迎大家來到我的家，這裏是我從小生活的地方！

TT，為甚麼我感覺頭不暈了？

森林裏氧氣足，所以你就會覺得空氣新鮮啦！

光合作用？我天天待在森林裏，也沒發現有甚麼光合作用啊？

喂，不懂要問，不許胡說！光合作用是看不見的！

葉綠體基粒

氧氣

二氧化碳

放出氧氣。

在陽光作用下，二氧化碳經過葉片氣孔進入植物體內。

光合色素是在光合作用中參與吸收、傳遞光能或引起原初光化學反應的色素。它存在於葉綠體基粒中，包含葉綠素、反應中心色素和輔助色素。

二氧化碳 +

有機物 + 氧氣

植物將二氧化碳和水轉化為有機物，並釋放出氧氣。

你知道火 離不開氧氣嗎？

很久以前，人們認為火是由一些特別小的微粒組成的。可是後來人們發現這種觀點是錯誤的，那麼火究竟是甚麼呢？為甚麼火離不開氧氣？

小貼士： 燃燒的本質是物質與氧氣發生了氧化反應。

 金屬燃燒的實驗 · 氧氣的發現

1774 年的一天，法國化學家拉瓦錫在做金屬加熱的實驗。他將一些金屬放進密閉的容器裏加熱後，發現金屬的表面形成了一層金屬灰。容器內物體的總質量沒有改變，但是金屬的質量增加了，空氣的質量卻減小了。拉瓦錫立刻意識到，一定是金屬和空氣中的某些成份發生了反應。

加熱前和加熱後容器的質量是一樣的。

加熱後的金屬比加熱前的金屬要重。

加熱後的容器空氣比加熱前的容器空氣要輕。

恰在此時，英國的化學家普利斯特里用凸透鏡把陽光聚集起來加熱氧化汞，意外地收集到一種氣體。他發現蠟燭在這種氣體中燃燒會更旺，而老鼠在這種氣體密封的瓶子裏比在普通密封的瓶子中存活的時間要長。他把這個消息告訴了拉瓦錫。拉瓦錫立刻重複了普利斯特里的實驗。拉瓦錫確定與金屬發生反應的正是這種氣體，並且把這種氣體命名為「氧氣」。

普利斯特里

燃燒起火

燃燒是一種常見的化學現象，它的本質是一種物質與氧氣進行快速的氧化反應。在這個反應過程中會發光放熱。我們經常看到木頭燃燒起火，其實就是木頭中的某些物質正在與氧氣發生反應，而火苗就是光和熱。

氧化反應

燃素說

三百多年前，化學家為了弄清楚燃燒是怎麼回事，提出了「燃素說」。他們認為火是由無數非常小的微粒組成的。這種小微粒既能游離存在，也能和其他物質形成化合物。大量游離的火微粒聚集在一起就會形成火焰，彌散在空氣中就讓人覺得熱。但氧氣的發現使這種學說徹底被推翻。

燃燒的三要素

一般來說，要想發生燃燒，必須要有三個基本要素：可燃物，就是可以燃燒的物質；燃點，就是達到可燃物發生燃燒的溫度；助燃物，助燃物本身不會發生燃燒，但是在其他物質發生燃燒時能幫助並維持燃燒進行，比如氧氣。

可燃物

這三個要素要同時滿足，並且相互作用，燃燒才會持續進行。

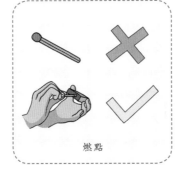

燃點

助燃物

地球的保護傘——臭氧

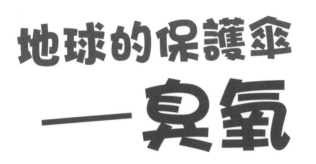

這一天，烈日當空……

大晴天還打甚麼雨傘啊？

太陽輻射的紫外線太強烈，不想曬傷的就趕緊打傘！

紫外線？是一種米線嗎？

你就知道吃，見誰吃過紫外線啊？

放心啦，地球媽媽已經給你撐了一個大保護傘了！

地球？保護傘？

紫外線

臭氧層

大氣層

地球

臭氧

臭氧？是臭的氧氣嗎？

臭氧是一種藍色氣體，主要成份是氧元素，又有特殊氣味，所以叫作臭氧。

臭氧層分佈在大氣的平流層，就是飛機飛行的那個大氣層。

難怪上次在飛機上聞到臭味，原來是在穿越臭氧層！

撕破臭氧層的黑手
——氟利昂

TT，你看我買甚麼了？

哇，空調！這下可以清爽一「夏」啦！

TT！

TT，這是 R22 傳統製冷劑。

小野人，把空調搬出去！

為甚麼啊？

不爽！

要是用了它，咱們快活了一時，全人類就要倒霉一世了！

哦？有這麼嚴重？

R22 傳統製冷劑，是氟利昂製冷劑中的一種，而氟利昂是破壞臭氧層的元兇。

氟利昂是甚麼東西啊？是獵物嗎？

由太陽飛出的帶電粒子進入大氣層，使氧氣分子裂變成氧原子，而部份氧原子與氧氣分子重新結合成臭氧分子。距地面 15 ～ 50 千米高度的大氣平流層集中了地球上約 90% 的臭氧，這就是「臭氧層」。

大氣平流層

臭氧層

地球

雷電作用也產生臭氧，分佈於地球的表面。雷雨過去後，人們感到空氣清爽，這就是臭氧的功效；但過強的氧化性也使其具有殺傷作用，比如……

皮膚刺癢

呼吸不暢

咳嗽

鼻炎等症狀

製冷

食物保鮮

保持恆溫

生產製造

一種元素 只能組成一種單質嗎？

像臭氧和氧氣一樣，自然界有許多由相同元素組成的不同形態的單質。它們有着很大的差別。這種差別是怎麼造成的？有哪些諸如此類的代表性單質呢？

小貼士： 這種巨大的差別主要體現在物理性質上。

 同一元素的不同形態 · 同素異形體

大多數的化學元素只能組成一種形態的單質。但是有一些元素卻可以組成不同形態的單質。這種由同一種元素組成的不同形態的單質就是同素異形體。同素異形體就像雙胞胎或者多胞胎一樣，化學性質相似，但物理性質差別很大。

同素異形體的形成方式

1. 組成分子的原子數目不同。

氧氣和臭氧都是由氧元素組成的單質。

O_3

臭氧分子團

O_2

氧氣分子團

2. 原子的排列方式不同。

石墨

金剛石

金剛石和石墨都是由碳元素組成的單質。

3. 分子組成的晶體不同。

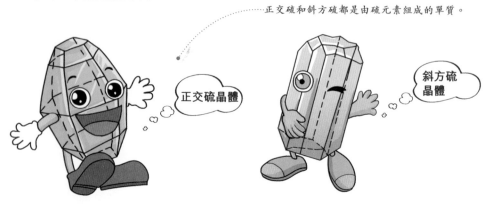

正交硫和斜方硫都是由硫元素組成的單質。

正交硫晶體

斜方硫晶體

白磷和紅磷

- 白磷和紅磷是同素異形體，兩者都是由磷元素組成的單質。

紅磷和白磷除了顏色不同之外，最大的區別在於着火點和毒性。白磷一般在 40℃ 左右會燃燒，而紅磷要在 240℃ 左右才能燃燒。白磷含有劇毒，而紅磷幾乎沒有毒。 在一定的條件下，白磷可以變成紅磷，紅磷也可以變成白磷。

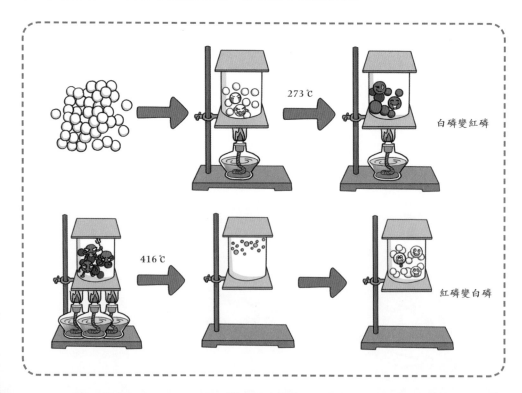

273℃

白磷變紅磷

416℃

紅磷變白磷

讓地球越來越熱的
二氧化碳

好熱啊！
好熱啊！

真是要熱
死貓啊！

攝氏40度！

溫室效應真是越來
越明顯了，以後冬
天會變暖，夏天會
更熱。

哈呼！

熱！！

那咱們趕緊
走出房間
吧！

快！

笨蛋，溫室效應是整個地球在變暖，不僅僅指家裏！

啪！

地球在變暖？為甚麼？

小汽車增多，燃燒汽油，排放出大量有害氣體，含有二氧化碳。

二氧化碳

因為現代化的工業社會過多地燃燒煤炭、石油和天然氣，釋放出大量具有吸熱和隔熱功能的二氧化碳氣體，這就好像給地球加了一層棉被，導致地球越來越熱……

二氧化碳

鋼鐵工廠煙囪排放煙塵，含有二氧化碳。

二氧化碳

二氧化碳

化工廠排放污染物，釋放二氧化碳。

煙花爆竹產生二氧化碳，造成空氣污染。

二氧化碳是空氣中常見的氣體，不易燃燒、無色無味、無毒性，是石灰、發酵等工業的副產品；固態二氧化碳俗稱乾冰，乾冰的用途很多，比如應用於消防瓶、食品等多個方面……

消防瓶——用於救火。

冷藏

清洗烤箱

治療青春痘

舞台、劇場、影視、婚慶、晚會現場等製作煙霧效果。

二氧化碳

清洗汽車車殼

二氧化碳

油墨

清洗油墨

要是排放量沒減少，會怎麼樣呢？

溫室效應會加劇，進而導致乾旱或者洪澇等各種自然災害。

氣溫升高還會導致極地冰川的融化，企鵝很可能要失去家園了。

是的，冰川融化引起海平面升高，許多沿海城市、島嶼就將面臨被海水吞沒的困境。

那企鵝會順着海水游過來，霸佔我們的家園嗎？

瞎想甚麼呢？

物質 都有哪些狀態？

你聽說過液態的二氧化碳和固態的二氧化碳嗎？許多物質都有固體、液體、氣體三種狀態。我們如何區別這三種狀態呢？

小貼士： 地球上的大部份物質都以固體、液體和氣體三種狀態存在。

看得到嗎？抓得着嗎？ 固體、液體和氣體

我們的周圍到處都是固體、液體和氣體。

那麼甚麼是固體呢？比如我們經常吃的蘋果，我們不僅能用眼睛看到它，還能用手抓到它。像蘋果這樣的有固定的模樣，我們能看到還能用手抓到的東西，就是固體。

那麼液體呢？比如我們常見的水，我們可以用眼睛看到它，但如果我們用手去抓，它就會從指縫流出去。像水這樣的雖然我們能用眼睛看到，但是模樣不固定，用手還不容易抓到的東西，就是液體。

氣體又是甚麼樣的呢？比如空氣，我們既看不到它，又抓不着它，但是如果你用手對着自己的臉搧幾下，就能感覺到有風，雖然我們看不到有任何東西，但我們可以感覺到它的存在。像空氣這樣我們既看不到，又抓不着，而且樣子又不固定的東西，就是氣體。

固體、液體和氣體的區別

固體：因為有固定的模樣，所以我們能看到，並且能用手抓。

液體：雖然能用眼睛看到，但因為模樣不固定，所以用手去抓，就會流出。

氣體：眼睛看不到，又因為模樣不固定，所以用手沒辦法抓起來。

物質永遠都只有一種狀態嗎？

當然不是，物質的狀態是可以相互轉變的。比如我們經常看見的水都是液態的，但是在溫度低到一定的條件時，液態的水就會變成固態的冰。在溫度高到一定的條件下，液態水又會變成氣態的水蒸氣。

水的狀態變化

水蒸氣（氣體）：把水加熱到 100℃後，就變成水蒸氣。

溫度升高後

水（液體）

冰（固體）：把水溫降到 0℃以下，水就變成了冰。

溫度降低後

物質的第四態——電漿

我們把固體或液體不斷地加熱，就會變成氣體。如果我們將氣體不斷加熱，會怎麼樣呢？如果我們把物質加熱到一個非常非常高的溫度，組成物質的粒子就會分裂成具有電子的更小的微粒，這種狀態就叫作電漿，又叫等離子體。

雖然電漿在地球上不容易看到，但在宇宙太空中，很多物質都是以電漿狀態存在的。

其他物質的狀態變化

在我們的印象中，鐵是非常堅硬的，但是只要把鐵加熱到 1200℃以上，鐵就會變成液態的鐵水。加熱到 2750℃後，鐵就會變成鐵氣。不過這樣的溫度實在太高了，很難做到。

同樣地，氣體也可以變成液體和固體。

比如氮氣，在零下 196℃的時候就會變成液態氮，如果持續把溫度降低到一定的值，就可以形成固態氮。

能消毒的 氯氣

　　氯氣在常溫常壓下是一種黃綠色有刺激性氣味的有毒氣體，經壓縮可液化為金黃色的液態氯，是氯鹼工業的主要產品之一。

　　氯氣混合 5%（體積）以上的氫氣時有爆炸危險。它還能與有機物及無機物進行取代或加成反應，生成多種氯化物，如氯化鉀、氯化鈉等。

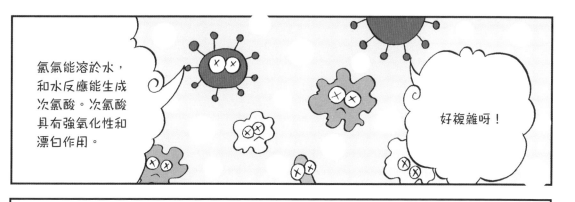

氯氣能溶於水，和水反應能生成次氯酸。次氯酸具有強氧化性和漂白作用。

好複雜呀！

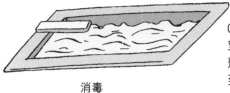

消毒

自來水常用氯氣消毒，1升水裏約通入0.002克氯氣。對於水藻、細菌而言，它能穿透細胞壁，氧化其酶系統（酶為生物催化劑），使其失去活性，使細菌的生命活動受到障礙而死亡。

氯氣是一種有毒氣體，它主要通過呼吸道侵入人體並溶解在黏膜所含的水份裏，生成次氯酸和鹽酸，對上呼吸道黏膜形成危害，造成呼吸困難，或發生咳嗽。

製鹽酸

漂白

乾燥的氯氣沒有漂白作用，它必須在有水份存在時，漸漸和水發生變化，生成次氯酸和鹽酸，次氯酸再分解出初生氧，這「初生氧」才有漂白能力。

氯產品的第二個大用戶是有機氯農藥。含氯和通過氯來合成的農藥很多，如速滅威、含氯菊酯等。

氯氣除了有消毒、漂白等作用外，還可以用來製造塑料、農藥等。

氯氣還是製造聚氯乙烯的重要原料，而聚氯乙烯主要用來製造塑料、塗料、纖維等產品。

TT，氯氣能漂白？

是啊！

熊貓在氯氣中漂白、消毒過了，怎麼還有黑眼圈？

說甚麼呢，我這可是國寶級別的重要標誌啊！

咚！

煙囪滾滾冒出的有害 廢氣

不！

哇，好大的煙囪，那裏應該就是本市最大的廚房了吧？

這裏是本市最大的化工廠。

那是通往天堂的食堂！

通往天堂？那一定很美味，我們快去吃吧！

甚麼味道啊？

難道你沒聞到一股刺鼻的氣味嗎？

好難聞，好像是大煙囪的煙味！

那個是工廠的生產區，冒出來的黑霧裏面有二氧化碳、硫化氫等各種有害氣體，它們會污染空氣、破壞生態環境，是造成環境污染的重要黑手……

製藥廠

水泥廠

鋼鐵廠

煉油廠

造紙廠

停車！

小野人你看，現在政府正在大力整治各種廢氣污染，積極開發新能源，以後會好起來的！

低碳經濟

嗯，那我們響應政府號召，下車走路吧！

好，少開車、多走路！

照照鏡子！

你尾氣超標啦！

噗！

有害廢氣 破壞環境

 工業廢氣

氟利昂
破壞臭氧層

二氧化硫
造成酸雨

工業廢氣指工業廠區內燃料燃燒和生產過程中產生的各種有害氣體。這些氣體包括二氧化碳、二氧化硫、硫化氫、氟化物、氮氧化物、氯化氫、一氧化碳等。這些氣體大量地排入大氣中，會造成嚴重的環境污染。

工業廢氣對動植物也有很大的危害。它們經過不同的途徑進入人或動物的體內，不僅威脅健康，更嚴重的是還會造成中毒。當廢氣濃度高的時候，植物的葉面就會產生傷斑，或者直接枯萎脫落。

二氧化碳
造成「溫室效應」

🔍 **生活廢氣**

我們生活中也會產生許多的廢氣，比如汽車排放的尾氣、垃圾蒸發的氣體，以及使用家用電器的時候產生的一些廢氣。空調和冰箱產生的氟利昂是破壞臭氧層的元兇，造成臭氧層出現大面積的空洞，導致達到地面的紫外線增加，給人類健康和生態環境帶來諸多危害。

氣體大爆炸
——氫氣和氧氣混合

我們要飛上天啦！

哇！

下面的人好像螞蟻一樣啊！

咻咻！

快！

是燃料罐漏氣，快點跳傘！要爆炸啦！

生活中的化學

化學是與我們生活聯繫極為密切的學科之一，隨着化學的發展，生活中一些奧秘也逐漸被揭示。生活中隨處可見化學知識，在化學學習之初就開始從日常生活中積累化學知識，可以加深對所學知識的理解，從而提高對化學的學習興趣。化學本身是一面魔術鏡，將一百多種元素巧妙地結合，組成神奇美麗的世界。只要大家留心，多觀察、多發現，生活中的化學奧秘就能為我們一一展現，生活將會更加方便、舒適。用心去體驗，生活本身就是一本化學書！

舞動的精靈
——燃燒與火

你倆到附近撿些樹枝來，要乾燥的哦！

樹枝是怎麼着火的呢？是打火機的火苗被轉移了嗎？

不是的，打火機在這個過程中是起到加溫作用的！

加溫？

為甚麼偏偏用樹枝呢？如果我給石頭加溫呢？

石頭當然不會燃燒啦！

因為木頭能滿足燃燒的條件！

呃，可是為甚麼石頭不能燃燒呢？

好嗆啊！

還有煙·····

燃燒是一種發光、發熱、劇烈的化學反應。

好嗆！

只要溫度達到我的燃點就可以燃燒了……

200℃

燃燒必須同時滿足三個條件——可燃物、燃點、氧氣。

燃燒的主要是我們。

木頭中有大量能成為可燃物的碳。當碳在空氣中被加熱到了燃點，木頭就會燃燒。

鑽木取火就是靠摩擦生熱的原理達到燃點來取火的。

快鑽，別偷懶！

燃點是物體開始並繼續燃燒的最低溫度。木材因其材質和乾濕程度的不同，燃點並不固定，在 200℃ 到 300℃ 之間。

200～300℃

130℃

210℃

如果木頭中的所有分子與氧氣接觸，而且在氧氣充足的情況下木頭就會達到充份燃燒，燃燒過後的木頭就會變成灰燼。

但實際上這種情況是不可能存在的啊！

呵呵，所以木頭燃燒過後會變成木炭！

原來如此！

那就讓我來給木頭力量，讓它完全燃燒吧！

小心我的鍋！

幸好快一步，不然午飯就泡湯啦！

茶垢
從何而來？

黑眼圈，茶壺這麼髒了，你還泡茶啊！

這你就有所不知啦！這個雅稱「茶山」，可是多年泡茶沉積下的精華呢！

才不是呢！科學證明茶垢很有可能致癌呢！

那為甚麼茶壺裏會生出茶垢呢？

這都是化學反應的產物哦！

使茶壺、茶杯出現茶垢的主角，是茶葉中所含的一種叫作「鞣質」的東西。鞣質是一種複雜的酚類有機物，它易溶於水，尤其是沸水。

鞣質

鞣質

茶葉

鞣質很不穩定，容易被空氣氧化成深色，所以茶垢都是棕紅色的。

鞣質

鞣酐

鞣質

鞣質　鞣質

而且鞣質分子之間也會發生各種化學變化，膨脹變大，生成一種叫「鞣酐」的化合物。

鞣酐則是一種難溶於水的紅色或棕色物質，它會沉澱並依附在茶壺和茶杯內壁上，天長地久越積越多，就形成了厚厚的茶垢。

原來茶垢是這麼來的啊！那該怎樣洗掉它呢？

牙刷

鹽

我有超級去垢法寶！

牙膏

牙刷

用牙膏去除茶壺裏的茶垢很有效哦!

但是我發現一個更好用、更省錢的寶貝,就是鹽!一擦就乾淨!

哇!像新的一樣呢!

喝茶的茶杯和茶壺要勤擦洗,防止病從口入哦!

你知道 糖水裏的化學知識嗎？

　　茶壺生茶垢的根本原因是茶垢在水中無法溶解。那麼甚麼是溶解呢？溶解前後的物質有甚麼變化嗎？影響溶解速度的原因有哪些呢？

　　小貼士：有許多東西可以溶解於水中，也有許多東西不能溶解於水中。

 糖、水和糖水 · 溶質、溶劑、溶液

　　我們經常喝紅糖水。我們把紅糖放進水裏，經過攪拌後，紅糖分子就會均勻分佈在水中。像這樣一種物質的分子均勻分佈在一種液體中的現象，我們就叫作「溶解」。

　　紅糖水是水和紅糖混合在一起的，叫作「溶液」；被溶解的紅糖，叫作「溶質」；像水一樣能去溶解其他物質的，叫「溶劑」。

溶質　　　　　　　溶劑　　　　　　　溶液

溶液的特性

　　一般溶液都是混合液體。那麼如何判斷一種混合液體是不是溶液呢？

　　很簡單，只要我們把混合液體放置一段時間，如果沒有任何東西沉澱或者漂浮起來，這個液體就是「溶液」。如果有沉澱或者漂浮物，就不能當成溶液了！

有沉澱的果粒，所以不是溶液。

紅糖水　　　　　　果汁

沒有任何沉澱物和漂浮物，所以是溶液。

影響固體溶解速度的原因

溶質在溶劑裏的溶解速度是有快有慢的，影響溶解速度的原因都有哪些呢？

快速攪拌＞擺放不動

熱水＞冷水

溶劑多＞溶劑少

粉末狀溶質＞塊狀溶質

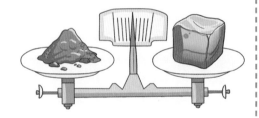

誰溶解得比較快？

　　小會和同學們一起比賽，看看誰的溶液溶解得快。你來幫他們分析一下，看看誰的最快。

　　小會：我把冰糖磨成粉末，然後放進 200 克 50℃ 的水裏，快速攪拌。

　　森森：我把冰糖磨成粉末，然後放進 200 克 80℃ 的水裏，快速攪拌。

　　阿亮：我把冰糖直接放進 200 克 80℃ 的水裏，並且快速攪拌。

泡菜裏的學問 ——酸和鹽的威力

TT，今晚吃白菜嗎？我來幫你洗吧！

哦，對了！冰箱裏還有一些泡菜，今晚拿出來吃吧！

太好啦！我最喜歡吃泡菜！

今晚不吃，但是過幾天你們就有泡菜吃啦！

那些泡菜放很久了呢，還能吃嗎？

放心吧！只要保存得好，泡菜可是能存放很久的呢！

泡菜能存放很久而不變質，主要靠兩個主角：一個是鹽；另一個就是乳酸菌。

我們都知道，淡鹽水都有一定的消毒滅菌作用，更何況用大量鹽醃製的泡菜了。所以在泡菜裏，一般的病菌都無法存活。

乳酸菌

不過，鹽只是輔助而已，真正讓泡菜久放不壞的功臣是乳酸菌——一種天然存在於所有蔬菜中的有益菌。泡菜被壓實，形成厭氧環境後，能促進乳酸菌進行乳酸發酵，發生化學變化，產生大量的乳酸。

乳酸的酸性很強，這種環境使得其他微生物不易存活，從而抑制了霉菌和酵母的生長繁殖。

難怪泡菜吃起來酸酸的，原來是乳酸在起作用呢！

經過乳酸發酵做成的泡菜吃起來有股特別的香味哦！

說得我好饞呀！我這就把泡菜拿出來吃！

泡菜鹽份太高，少吃點兒啊！

冰塊
黏手的秘密

天氣真熱，果汁都變熱了……

在果汁裏加點冰就好啦！

這個辦法好！

呃……冰塊怎麼下不去……

111

紙的變色術
——白紙變黃紙

哇！這都是人類的智慧啊！

噓，小點聲，這裏是圖書館……

為甚麼這裏有台電腦？

圖書館已經把舊報紙掃描成了電子文件，讀者可以用電腦查看。

直接拿報紙給人看不就行了？為甚麼要這麼麻煩？

因為報紙放久後會老化發黃，電子文件可以避免這個問題。

為甚麼報紙放久了會變黃呀？

不僅是報紙，其實紙質的圖書也一樣。

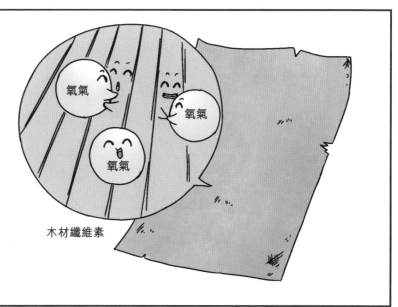

我們知道，紙張大都是以木材為原料製成的，含有大量的木材纖維素。纖維素本來是白色的，但是在空氣中放置久了，就會與空氣中的氧氣結合變成黃色。

氧氣

氧氣

氧氣

木材纖維素

而且大自然的光線也是紙張的天敵。它能和紙的纖維起光化學作用，漸漸地，報紙也會發黃變脆，失去青春的韌性。

於是我們就會發現，存放很久的書報，都會變得又黃又脆。所以，博物館保存的珍貴書籍文物都是在密閉氮氣的環境下保存的。

氮氣

氮氣

氮氣

氧氣

TT，你懂的真多！

噓，低調⋯⋯
低調⋯⋯

鐵變鐵鏽的內幕

胡說八道！鐵鏽是鐵發生化學反應的產物。

鐵裸露在空氣中，會在空氣中氧氣和水分子的共同作用下發生化學反應，生成一種棕紅色的混合物——鐵鏽。

氧分子

水分子

真空

鐵會生鏽，一方面是因為它具有活潑的化學性質，另一方面要滿足兩個前提條件——有氧氣和水存在。

鐵鏽結構很稀疏，很容易脫落，一塊鐵完全生鏽後，體積可增大8倍呢！如果不除掉鐵鏽，它稀疏的結構更容易吸收水份，鐵也就爛得更快了。

那怎麼辦？沒有辦法阻止它生鏽嗎？

你知道嗎，每年全世界有幾千萬噸鋼鐵因為生鏽而報廢呢！

最有效的辦法就是讓鐵與空氣及水隔絕，比如在鐵器表面噴漆或上釉，讓它保持潔淨和乾燥。

那趕緊把所有鐵器都噴上嘛！

鐵鏽也能變廢為寶，它可以做玻璃、寶石及金屬的拋光劑，還可以回爐冶煉製生鐵。

哇！我要去收集鐵鏽了，再見吧！

噴漆的成本太高啦！而且其實鐵鏽也並非一無是處哦！

又開始白日做夢了……

鋼和鐵 是一樣的嗎？

平時我們經常說「鋼鐵」，「鋼」和「鐵」是同一種物質嗎？它們有甚麼相同和不同之處呢？大名鼎鼎的「不鏽鋼」是不是真的不會生鏽呢？

小貼士： 鋼是一種鐵合金，它的主要成份是鐵元素。

取決於含碳量的不同·生鐵、熟鐵和鋼

我們平時常見的鐵主要是生鐵、熟鐵和鋼。

這三種物質的主要成份都是鐵元素，但都不是純淨的鐵單質，而是鐵和碳及一些其他元素的合金。

生鐵、熟鐵和鋼的主要區別在於它們的含碳量不同。一般熟鐵的含碳量最少，生鐵的含碳量最多，鋼的含碳量處於它們之間。

生鐵、熟鐵和鋼的比較

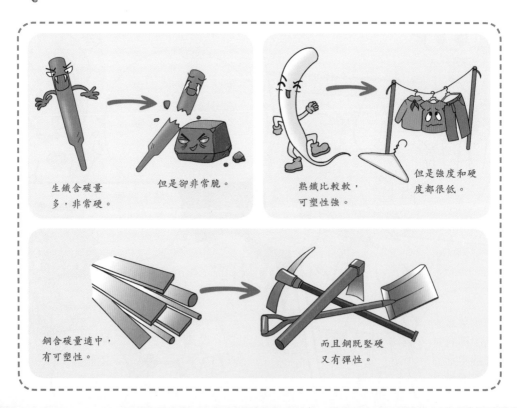

生鐵含碳量多，非常硬。

但是卻非常脆。

熟鐵比較軟，可塑性強。

但是強度和硬度都很低。

鋼含碳量適中，有可塑性。

而且鋼既堅硬又有彈性。

不鏽鋼真的不生鏽嗎？

在鋼的家族中，最有名氣的要數「不鏽鋼」。不鏽鋼指耐空氣、蒸氣、水等弱腐蝕介質和酸、鹼、鹽等化學侵蝕性介質腐蝕的鋼。

不鏽鋼具有兩大特性——不鏽性和耐蝕性。

不鏽鋼不容易生鏽且不容易被腐蝕，但並不是不會生鏽、不會被腐蝕。在一定的條件下，不鏽鋼也會生鏽。

一些不鏽鋼在乾燥清潔的大氣中有絕對良好的抗鏽蝕能力，但如果將它移到海濱地區，在含有大量鹽份的海霧中，它就會很快生鏽了。

另外，不鏽鋼不鏽蝕的秘訣在於它的表面有一層薄薄的堅固緻密的保護膜。一旦這層保護膜被破壞，不鏽鋼也會生鏽。

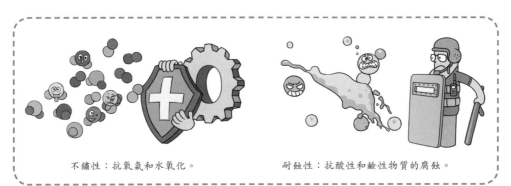

不鏽性：抗氧氣和水氧化。　　　　　耐蝕性：抗酸性和鹼性物質的腐蝕。

 甚麼是合金？

我們經常聽到合金，那麼甚麼是合金呢？

合金是由兩種或者兩種以上的金屬與非金屬所合成的物質。合金一般具有金屬的特性。中國是最早研究和使用合金的國家之一。早在三千多年前的商朝就有了非常發達的青銅製造工藝。青銅就是銅和錫的合金。

藏在自來水中的兇手

121

魚缸裏的水是自來水？

嗯，我接的。

原因就在這裏，自來水是不能用來養魚的。

為甚麼？

我是餘氯。

自來水一般是用氯氣來殺菌消毒的。消毒後會有部份氯氣殘留在其中，被稱為餘氯。

我們去找小金魚玩吧！

不要過來。

而只要餘氯的濃度超過百萬分之零點零二，就可能對魚黏膜產生強烈的腐蝕，超過百萬分之零點一，對某些敏感的魚類便會造成致命的威脅。

如果用自來水養魚，就必須先除掉餘氯。

有甚麼方法呢？

方法一：可採用活性炭過濾。

來玩吧。

好呀。

方法二：餘氯是一種揮發性物質，所以可以將自來水晾曬，隔天使用。

我在曬太陽。

原來是這樣啊！

我特地曬了一缸水，給小金魚換上吧！

小野人，小金魚的水已經夠啦！

我在曬我的洗澡水，我皮膚也很敏感的。

燒炭取暖的意外 ——一氧化碳

好冷呀！

今天停電，不能開取暖器。不如我們用上次燒烤剩下的木炭取暖吧？

好主意！

去把門關上，別讓風進來。小野人關門。

果然暖和多了！

開門，開門呀！

不好！

醒醒！快醒醒！

我怎麼了？

你們一氧化碳中毒了。

中毒？

你不知道不可以在封閉的房間裏燒炭取暖嗎？

不知道。

木炭燃燒需要氧氣，而在封閉的空間裏，它們往往得不到足夠的氧氣進行充分的燃燒，於是開始快速生成一氧化碳。

一氧化碳無色無味。它能與人體內紅細胞裏的血紅蛋白結合，使它失去特有的功能——攜帶氧氣在全身運轉。

30%   50%

當受到一氧化碳影響的血紅蛋白濃度達到 30% 時，人會出現一氧化碳中毒症狀，如窒息、頭痛、眩暈、胸悶。當它的濃度達到 50% 時，受害者一小時內就會死亡。

血紅蛋白的失效率達到 50% 左右時，會突然使氧氣中斷。所以一氧化碳中毒的人，往往察覺不到自己呼吸困難。

所以，如果你們想燒炭取暖，就一定要保持空氣流通，不可以把房間封閉起來。

那我們現在沒事了嗎？要吃藥解毒嗎？

不用了，還好我回來得及時，你們的情況不是很嚴重。一氧化碳中毒的人只要吸入新鮮空氣或者純氧，就能達到治療效果。

你們怎麼想起燒木炭取暖的？太危險了！

家裏停電了，不能開取暖器。

好好的怎麼會停電？

哎呀，我忘記買電了……

128

化學大應用

　　化學與人類的生活息息相關,在生活中有着廣泛的應用。化學的神奇之處在於它將各種元素巧妙地結合起來,構成了一個五彩繽紛的世界。我們周圍的事物都是由許許多多的化學元素組成的,化學在我們日常生活的各個方面發揮着不可估量的作用。比如,做饅頭的時候我們用純鹼發酵,做出的饅頭鬆軟可口;用液氯等消毒劑對水進行消毒;燒水的壺用久了,裏層往往有一層白色的水垢,簡單的去垢方法就是滴入食醋。

奇怪！子彈打不穿塑料

哈哈，我要贏了！誰輸了誰就洗一個月的碗，你們可不許要賴！

哎，早知道該去買凱芙拉線的。

甚麼是凱芙拉線？

凱芙拉線是一種耐潮濕，無伸縮性，能承受較大拉力的線。

那凱芙拉又是甚麼？

凱芙拉是一種連子彈都不能穿透的塑料。

1965 年，美國杜邦公司的夸萊克發現了凱芙拉，它是一種包含了多個苯環與酰胺基團相互結合形成的長鏈的聚合物，這種分子結構與蛋白質的分子結構十分相似。

我倆長得真像！

大家排隊站好了，整齊排列好隊形！

使得凱芙拉具有如此不同凡響的強度的原因在於其結構的規則性，而其他聚合物的鏈都是無規則的。

長期的日曬雨淋或是放在海水裏浸泡也不會影響凱芙拉的性能。不僅如此，把它浸入開水或有機溶劑裏三年，它仍能保持不變。

人們利用凱芙拉的超強特性，將它製成了多種產品。比如防彈衣和防彈頭盔、把油輪拴在停泊處的繩索⋯⋯

此外，凱芙拉還可以阻燃，同時耐低溫、可彎折，質量也小於其他材料。

原來風箏線可以和防彈背心用同一種材料，真神奇！

還有更神奇的。現在凱芙拉都已經運用在飛機的發動機裏，以使意外爆炸產生的破壞降到最小。

哈哈哈哈哈！

你笑甚麼？

現在我的風箏飛得最高了！我贏了，這個月都不用洗碗了！

這有啥好激動的？TT的風箏斷了線，不管你是不是贏了我，這個月的碗都是TT洗了。

TT你……

現在你的風箏也掉下來了吧。

讓人淚流不止的催淚彈

那邊好像有人打起來了！

不好，人這麼多，容易出亂子，我們先走吧！

警察在扔炸彈了！

別瞎說，那個應該是催淚彈。警察只是在驅散鬧事的人群。

催淚彈不是炸彈的一種嗎？明明都叫「彈」。

混蛋和雞蛋也都叫「蛋」，是一種東西嗎？

那些人哭了，原來催淚彈真的能催淚呀！

為甚麼它們能催淚？

因為催淚彈裏裝了能讓人流淚的化學藥品。

催淚彈裏面最常出現的成份為苯氯乙酮，縮寫為 CN，還有 2- 氯苯亞甲基－丙二腈，簡稱 CS 氣，其中 CS 氣是目前使用最為廣泛的成份。

人們認為 CS 氣是瓦解攻擊的最安全方式，不過患有哮喘的人會對它反應強烈。

1960 年，CS 氣正式被美國軍隊通過並在鎮壓暴動中使用。

CS 氣其實不是氣體，而是一種白色固體，它不溶於水，卻易溶於特定的化學溶劑中。當它接觸到人的眼部時，會引起眼部的保護反應，打開「淚閘」，讓人流淚不止。

所以，催淚彈是一種化學武器，現代廣泛用於軍隊和警察的鎮暴行動及驅散示威人群。

只讓人流淚，不讓人流血，這個催淚彈還是挺好的。

再好也是種武器，沒機會用它才最好。

城市生活真是麻煩，還是大森林裏簡單。

是啊，每天只知道吃了睡，睡了吃，的確簡單。

試管
用於小量試劑的反應容器，配合試管夾可以直接加熱。

化學藥劑

試管夾

玻璃棒

燒杯
用於配製溶液，可以作為大量試劑反應的容器。

化學藥劑

膠頭滴管
用於吸取滴加小量液體試劑。

鐵架台
用於固定和支撐實驗儀器，常與酒精燈配合做加熱實驗。

量筒

酒精燈
以酒精作為燃料，主要用於加熱物體。

藥匙

人也能讓天下雪

已經是冬天了，怎麼還不下雪啊？

好想堆雪人哦！

堆雪人？難道是一種冬天的怪物？

不是啦，是把地上的雪堆成各種各樣的人的形狀，你在森林裏不玩嗎？

不錯不錯,我也想玩兒!

可是根本就沒下雪嘛!

你們在談論雪嗎?天氣預報說這幾天就會人工降雪了哦!

人工降雪?是很多人在飛機上往下撒雪嗎?

當然不是啦!人工降雪可是一件和化學知識有關的、很複雜的事情!

想要人工降雪,首先需要具備一個條件,就是0℃以下的「冷雲」。在冷雲裏,既有水氣凝結的小水滴,也有水氣凝華的小雪晶。

……

冷雲

但它們都很小很輕，只能懸浮在高空。這就需要在雲層裏投入乾冰，也就是固態的二氧化碳。

乾冰的溫度在 -78.5℃以下，當它投入到冷雲裏的時候，每粒乾冰都能成為一個聚冷中心，促使冷雲裏的小水滴和小雪晶很快集結在它的周圍。

當小水滴和小雪晶集結得足夠多的時候，就會凝華成為較大的雪花，等到雪花的大小可以克服空氣浮力的時候，就會飄落下來了。

現在很多地方都是用高射炮將乾冰射入冷雲中。

太好啦！也就是說我們過幾天就可以用雪堆成我的樣子啦！

誰說過要堆成你的樣子啊……

原來……原來你們剛才說的是要堆雪人啊……

是啊，我們可是很期待呢！

一般人工降雪的雪量都比較少，堆雪人恐怕不夠。

溶解大量氣體的可樂

今天真是太熱啦！

水！我要喝水！

哇！可樂！

真舒服呀！要是冰鎮過的就更過癮啦！

嗝⋯⋯

誰偷喝我做雞翅的可樂啦？

告訴過你們很多遍了，運動完了不要喝碳酸飲料，對身體不好！

因為可樂屬於碳酸飲料，所以喝了之後，能讓人感覺涼快。

喝可樂能讓人感覺涼快？

這主要是碳酸飲料裏面的二氧化碳在發揮作用。

可是我們剛才好熱，現在喝完了涼快多了呢！

為甚麼現在覺得不太熱？

碳酸飲料中經常會冒出氣泡，氣泡裏面所含的就是二氧化碳氣體。人們是通過降溫和加壓的方法將二氧化碳溶進飲料中的。

二氧化碳

二氧化碳

二氧化碳

二氧化碳進入我們的肚子後，遇熱就會通過打嗝跑到體外。

當二氧化碳從人體內跑出來的時候，會帶走人體內的熱量，因此使我們感到涼快。

這就是為甚麼喝完碳酸飲料之後，會不停打嗝並同時感到涼快的原因。

其實碳酸飲料很容易製作。我們將食用檸檬酸和小蘇打放入果汁中，它們倆就會發生化學反應產生二氧化碳。

二氧化碳真厲害！

原來碳酸飲料的化學原理這麼簡單呀！

這樣聽起來，碳酸飲料對人體沒甚麼不好的地方啊。

碳酸飲料對人體可是有很多害處的，比如它裏面的酸性物質會腐蝕牙齒，喝多了容易有蛀牙；而且它還會影響人體對鈣的吸收，小孩子喝多了容易缺鈣。

蛀牙很痛！我還是不喝了！

你在幹甚麼？

我們不是吸入氧氣呼出二氧化碳嗎？我在給飲料加二氧化碳呢！

他到底有沒有腦細胞呀？

氣體也能 溶解在水中嗎？

二氧化碳氣體可以溶解在可樂中，那其他的氣體也會溶解在水中嗎？它們溶解在水中會變成甚麼物質呢？影響氣體溶解的因素有哪些呢？

小貼士： 在水裏，有許多我們看不見的氣體。

 魚類的呼吸 · 氣體溶解

像我們人類需要不斷吸入氧氣一樣，水裏的魚也需要吸入氧氣來維持生命。那魚是如何獲得氧氣的呢？

我們人類是用鼻子將空氣中的氧氣吸入體內，並且利用肺部進行呼吸作用的。魚是用嘴將水吸進來，經過魚鰓的過濾留住水中的氧氣，然後再進行利用。所以，魚不是像人一樣利用空氣中的氧氣，而是利用溶解在水裏的氧氣來呼吸的。

水裏的氧氣就是氣體溶解在水裏的結果。

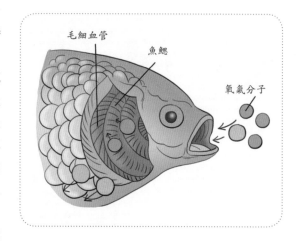

毛細血管

魚鰓

氧氣分子

氣體溶解在水裏的溶液

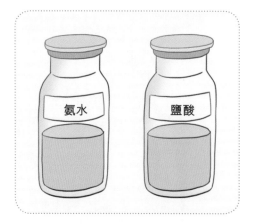

氨水

鹽酸

相同條件下，不同的氣體在水裏溶解的多少是不同的。在一個大氣壓、20℃的條件下，100 克水可以溶解 0.004 克氧氣，但卻能溶解 53.3 克氨氣和 72.1 克氯化氫氣體。實驗室經常用到的氨水就是氨氣溶解在水裏，而鹽酸就是把氯化氫氣體溶解在水裏。比較氧氣、氨氣和氯化氫就可以發現，有的氣體是不易溶於水的，而有的氣體則極易溶於水。

氣體溶解和溫度

我們已經知道，像糖、食鹽這些固體，在溫度越高的水裏，能溶解的越多，那氣體是不是也如此呢？

我們來做一個小實驗解答這個問題。

實驗材料：一瓶汽水、三個試管、三個盛了同樣質量水（分別是冰水、溫水和熱水）的杯子。

實驗過程：汽水中有溶解的二氧化碳，我們把汽水倒進三個試管裏，每個試管倒入的汽水質量相等。然後將三個盛了汽水的試管放進三個水杯裏。

仔細觀察三個試管，放在冰水中的試管裏的氣泡很少，而放在熱水中的試管裏的氣泡卻有很多。這些氣泡就是原來溶解在汽水裏的二氧化碳，因為溫度變化無法溶解而轉變成氣體排了出來。所以，水的溫度越高，能溶解的氣體就越少。這個結論和固體的溶解正好相反。

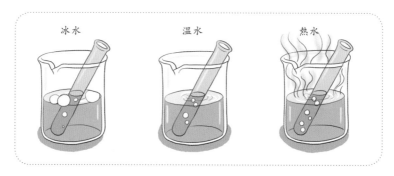

冰水　　　　溫水　　　　熱水

 氣體溶解和壓力

除了溫度，影響氣體溶解的因素還有壓力。一般情況下，壓力越高，能溶解的氣體就越多。

我們平時打開香檳或汽水時，瓶口就會產生很多的氣泡。這些氣泡就是溶解在水中的二氧化碳氣體。瓶子內部的壓力比瓶子外部的壓力大很多，就是因為溶解了更多的二氧化碳。而當我們打開瓶塞時，瓶子內部的壓力就會突然降低，原本溶解在裏面的二氧化碳無法繼續溶解，就變成氣泡跑了出來。

書　　名 科學超有趣：化學

編　　繪 洋洋兔

責任編輯 郭坤輝

封面設計 郭志民

出　　版 小天地出版社（天地圖書附屬公司）

　　　　 香港黃竹坑道46號

　　　　 新興工業大廈11樓（總寫字樓）

　　　　 電話：2528 3671 傳真：2865 2609

　　　　 香港灣仔莊士敦道30號地庫（門市部）

　　　　 電話：2865 0708　傳真：2861 1541

印　　刷 亨泰印刷有限公司

　　　　 柴灣利眾街德景工業大廈10字樓

　　　　 電話：2896 3687　傳真：2558 1902

發　　行 香港聯合書刊物流有限公司

　　　　 香港新界荃灣德士古道220-248號荃灣工業中心16樓

　　　　 電話：2150 2100　傳真：2407 3062

出版日期 2020年11月／初版・香港